FORSCHUNGSBERICHTE DES LANDES NORDRHEIN-WESTFALEN

Nr. 2415

Herausgegeben im Auftrage des Ministerpräsidenten Heinz Kühn
vom Minister für Wissenschaft und Forschung Johannes Rau

Prof. Dr.-Ing. Robert Rautenbach
Priv.-Doz. Dr.-Ing. Horst Chmiel
Prof. Dr. Paul Schümmer

Institut für Verfahrenstechnik
der Rhein.-Westf. Techn. Hochschule Aachen

# Untersuchungen des Wärmeübergangs an viskoelastischen Flüssigkeiten

Westdeutscher Verlag 1974

ISBN-13: 978-3-531-02415-8      e-ISBN-13: 978-3-322-88268-4
DOI: 10.1007/978-3-322-88268-4

# Inhalt

## A  Zur Hydrodynamik der turbulenten Rohrströmung viskoelastischer Flüssigkeiten

### 1.  Viskoelastische Flüssigkeiten

Die hier untersuchten Flüssigkeiten sind wäßrige Lösungen von hochpolymeren Kunststoffen mit Massenprozenten um und z.T. weit unter Eins.

Diese Flüssigkeiten sind gekennzeichnet durch eine Scherviskosität, die mit schwacher Polymerkonzentration schon von der Viskosität des Lösungsmittels abweicht, bei höherer Konzentration jedoch auch noch  mit der Beanspruchung abnimmt. Darüberhinaus ist noch ein thermisches Relaxationsverhalten von Bedeutung, das darin besteht, daß die in der Beanspruchung ausgerichteten Makromoleküle durch thermische Bewegung wieder in den ungeordneten Zustand überführt werden (elastisches Verhalten hinsichtlich der Inneren Energie). Bei den vorliegenden geringen Konzentrationen wird das Relaxationsverhalten durch eine einzige Relaxationszeit beschrieben.
Die untersuchten Flüssigkeiten waren im Beanspruchungsbereich inkompressibel.

### 2.  Turbulente Rohrströmung Newtonscher Flüssigkeiten

Die ausgebildete turbulente Rohrströmung besitzt ein Geschw.-Profil  $v(y)$, das als "Wandgesetz" von $\tau_w$, $\rho$, $\eta$ (also nicht von d) bestimmt wird.

Eine Dimensionsanalyse zeigt, daß

$$v^+ = \frac{v}{v_*} \qquad \text{allein von} \qquad y^+ = \frac{y}{y_*}$$

$$\text{mit} \qquad v_* = \left(\frac{\tau_w}{\rho}\right)^{1/2} \qquad \text{und} \qquad y_* = \frac{\eta}{v_* \rho}$$

bestimmt wird.

Als Ergebnis (im wesentlichen von Messungen) läßt sich
nach Prandtl (1) und v. Kármán (2) eine 3-Zonen-Formel
zur Darstellung des Profils aufstellen:

$$0 \leq y^+ \leq 5 \quad : \qquad v^+ = y^+ \tag{1a}$$

$$5 \leq y^+ \leq 30,6 \quad : \qquad v^+ = 5.00 \ln y^+ - 3,05 \tag{1b}$$

$$30,6 \leq y^+ \qquad\quad : \qquad v^+ = 2,5 \ln y^+ + 5,5 \tag{1c}$$

Die empirisch sich ergebende Dreiteilung der analytischen
Ausdrücke wird physikalisch in einem Dreizonenmodell mit
laminarer Unterschicht, Pufferschicht und turbulentem Kern
gedeutet.

Eine Profilintregation ergibt die Durchsatzbeziehung (Widerstandscharakteristik), wobei innerhalb eines Fehlers
von 3 % nur die Kernströmung zum Durchsatz beiträgt:

$$f^{-\frac{1}{2}} = 4 \lg \left( Re \, f^{\frac{1}{2}} \right) - 0,394 \tag{2}$$

$$\text{mit} \quad f = \frac{\tau_w}{\frac{1}{2} \rho \bar{v}^2} \quad \text{und} \quad Re = \frac{\bar{v} d \rho}{\eta}$$

Die Konstanten der Beziehung wurden hierin leicht gegenüber
der Rechnung durch Vergleich mit den Meßwerten modifiziert.

3. **Das Geschwindigkeitsprofil bei der Strömung viskoela-
   stischer Flüssigkeiten**

Innerhalb der vorliegenden Untersuchung konnten Geschwindig-
keitsprofile noch nicht gemessen werden, so daß für die Diskussion auf Ergebnisse der Literatur zurückgegriffen werden
muß. Als gesichert kann hiernach gelten, daß die Steigung
der logorithmischen Wandabstandkoordinate $\ln y$ wie bei
Newtonschen Flüssigkeiten eine universelle Konstante ist
(3), (4).

Die Ergebnisse (3) beziehen sich dabei bezüglich Pufferschicht auf Flüssigkeiten, die durch eine konstante Viskosität gekennzeichnet sind, während die laminare Unterschicht rein spekulativ von den Messungen Newtonscher Flüssigkeiten übernommen wurde.

Nach diesen Ergebnissen schlägt das v.-Kármán- Profil, Gl. (1b), für die Pufferschicht schon bei geringen Polymerkonzentrationen in einen halblogarithmischen Verlauf mit doppelter Steigung um, während der turbulente Kern mit konstanter Steigung bei höheren Geschwindigkeiten $v^+$ einsetzt:

laminare Unterschicht:

$$v^+ = y^+ \tag{3 a}$$

Pufferschicht :

$$v^+ = 10{,}0 \, \ln y^+ - 13{,}0 \tag{3 b}$$

turbulente Kernströmung:

$$v^+ = 2{,}5 \, \ln y^+ + 5{,}5 + \Delta b \tag{3 c}$$

Die turbulente Kernströmung behält auch dann ihre konstante Steigung bei, wenn die Viskosität mit der Beanspruchung ihren Wert ändert. Dies weist darauf hin, daß die Viskosität zwar für den Ort der vollen Ausbildung der Turbulenz, nicht jedoch für den Geschwindigkeitsverlauf maßgebend ist. In den Profilverlauf geht also eine charakteristische Viskosität $\bar{\eta}$ ein, die für den Ort $y_1$ der vollen Turbulenzausbildung charakteristisch ist (eine Definition folgt im Abschnitt 4). Außerdem ist durch fluktuierenden Neuaufbau der Pufferschicht nach der Penetrationstheorie (4) - hier für den Impulsübergang - die Nullviskosität $\eta_0$ noch von Bedeutung sowie, wie sich später zeigen wird, der Molenbruch der Polymerkonzentration über die indirekte Beeinflussung der Viskosität und der Relaxationszeit hinaus: $\Delta b$ ist danach dimensionsanalytisch eine Funktion von

$$\frac{v_* \, \rho \, y_1}{\bar{\eta}} \quad ; \quad \frac{t_0 \, \eta_0}{\rho \, y_1^2} \quad \text{und } X_p .$$

## 4. Die Widerstandscharakteristik viskoelastischer Flüssigkeiten

Es liegt nahe, die Widerstandscharakteristik in der Art der
Gl. (2) zu korrelieren, wobei im Fall variabler Viskosität
die charakteristische Viskosität der Gl. (3 b) benutzt werden muß. Da zu deren Untersuchung noch keine Messungen des
Geschwindigkeitsprofils zur Verfügung stehen, wurde ansatz-
weise eine Definition übernommen, die sich für die Darstellung der Widerstandscharakteristik im laminaren Strömungsbe-
reich bewährt hat.

Nach einer früheren Untersuchung (8) stimmen die Widerstandscharakteristiken Newtonscher und der hier untersuchten Fluide
im laminaren Bereich überein, wenn man Re wie folgt definiert:
man ermittelt ein repräsentatives $\dot{\gamma} = 2\pi \dfrac{v}{d}$ und ordnet diesem
über die Fließkurve einen zugehörigen Wert $\bar{\eta}$ zur Berechnung
der Re-Zahl zu. Überträgt man diese Bestimmung der Re-Zahl
auch auf den turbulenten Bereich so ergeben sich Widerstandskurven, wie sie in Fig 1 dargestellt sind.

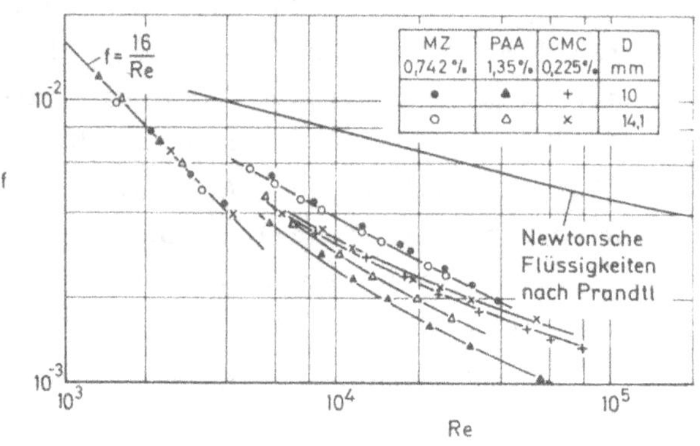


| | MZ 0,742 % | PAA 1,35 % | CMC 0,225 % | D mm |
|---|---|---|---|---|
| | ● | ▲ | + | 10 |
| | ○ | △ | × | 14,1 |

Abb. 1

Der Effekt der Widerstandsabsenkung elastischer Flüssigkeiten
kommt deutlich zum Ausdruck. Die Sinnhaftigkeit der obigen Definition von Re auch für den turbulenten Bereich kommt in den
Fig 2 u. 3 zum Ausdruck, in denen sich trotz variabler Viskosität ein Verlauf in modifizierten Prandtl-Kurven zeigt analog dem Ergebnis von Mayer für konstantes $\eta$ (5). In Fig 2 ist
der Verlauf für einen bestimmten Rohrdurchmesser unter Varia-
tion von Polymer und Konzentration dargestellt.

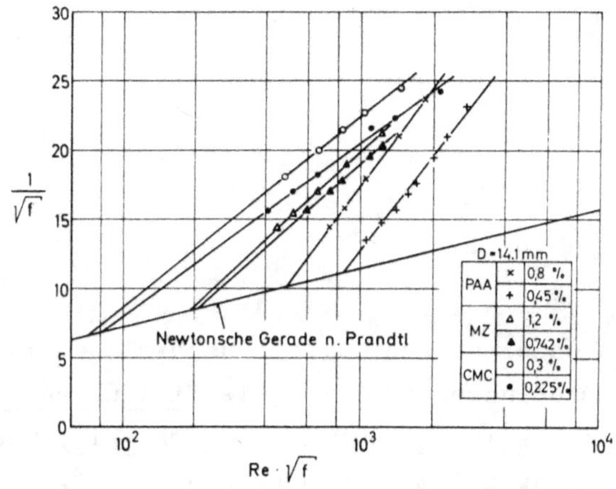



Abb. 2

Fig. 3 erfaßt zwei rheologisch unterschiedliche Stoffe bei
zwei verschiedenen Durchmessern.

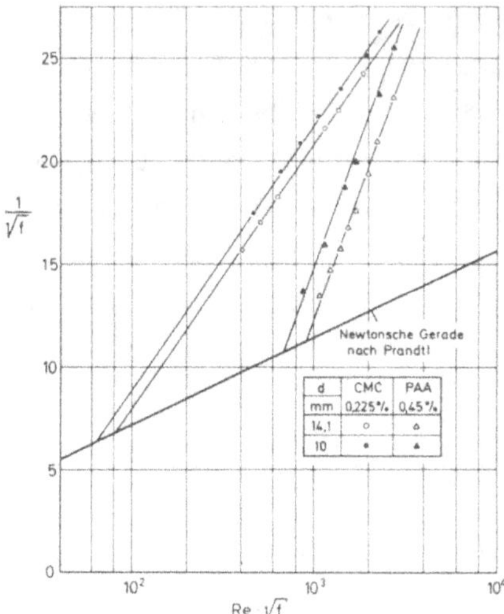



**Abb. 3**

Innerhalb des untersuchten Variationsbereiches lassen sich folgende Feststellungen treffen· Die Steigungen der Geraden sind ausschließlich vom Material abhängig, und zwar nimmt die Steigung mit zunehmender Konzentration zu. Die Abzsissenschnittpunkte mit der Prandtl-Gerade sind material-spezifisch dem Durchmesser proportional.

Jedem Schnittpunkt ist aufgrund des Strömungszustandes eine Wandschubspannung zugeordnet. Die Widerstandscharakteristik folgt der modifizierten Darstellung der Gleichung (2) (wobei der zugrunde gelegte Experimentalumfang wesentlich über den der Fig. 2 u. 3 hinausgeht):

$$\frac{1}{\sqrt{f}} = (4 + \delta)\ \lg\ (Re\ \sqrt{f}) - 0,394 - \delta \lg \frac{d}{d_*} \tag{4}$$

5. <u>Profilintegration und Widerstandscharakteristik</u>

Indem man die durchsatztragende turbulente Kernströmung Gl. (3 c)

$$v^+ = 2,5\ \ln y^+ + 5,5 + \Delta b$$

zum Durchsatz integriert,
erhält man

$$\frac{\overline{v}}{v_*} = 5,5 - 2,5 \left(\ln 2 + \frac{3}{2}\right) + \Delta b - 2,5 \ln \frac{y_*}{d}$$

mit $y_* = \dfrac{\overline{\eta}}{v_* \rho}$.

Da $\dfrac{\overline{v}}{v_*} = \left(\dfrac{2}{f}\right)^{1/2}$ und $\ln \dfrac{y_*}{d} = -\ln (Re\ f^{1/2}) + \ln \sqrt{2}$

läßt sich durch Vergleich mit Gl. (4) unter Modifikation
der Konstanten entsprechend Gl. (2) eine Beziehung für
$\Delta b$ ableiten:

$$\Delta b = \delta \sqrt{2}\ \ lg\ (Re\ f^{1/2}\ \frac{d_*}{d}) \qquad\qquad (5)$$

Hiermit ist zunächst mit Hilfe der Gl. (4) $\Delta b$ auf die
Abweichung vom Newtonschen Verhalten in der Widerstandscharakteristik zurückzuführen:

$$\Delta b = \sqrt{2}\ (\quad f^{-1/2} + 0,394 - 4\ lg\ (Re\ f^{1/2}))$$

$\Delta b$ muß nun nach Abschnitt 3. neben der in $\delta$ enthalte-
nen Abhängigkeit von der Polymerkonzentration eine
Funktion sein von $\dfrac{v_* \rho\ y_1}{\eta}$ und $\dfrac{t_o\ \eta_o}{\rho\ y_1^2}$, was mit Gl. (5)
verträglich ist, wenn

$$d_* \sim \left(\frac{t_o\ \eta_o}{\rho}\right)^{1/2}\ \ gilt.$$

Da die Relaxationszeit $t_o$ bisher nicht durch eine Meßvor-
schrift festgelegt wurde, liegt es nahe zu setzen:

$$t_o = \frac{d_*^2\ \rho}{\eta_o} \qquad\qquad (6),$$

womit folgt:

$$\Delta b = \sqrt{2}\ \delta\ lg\ \frac{\sqrt{2}\ \tau_w^{1/2}\ t_o^{1/2}\ \eta_o^{1/2}}{\overline{\eta}} \qquad\qquad (7)$$

6. **Bestimmung einer Relaxationszeit aus der turbulenten Rohrströmung**

Zur Bestimmung der Relaxationszeit nach Gl. (6) ist der
Schnittpunkt der Meßkurve nach Gl. (4) mit der Kurve
nach Prandtl, Gl. (2), zu bilden.

Die Abszisse des Schnittpunkts $(Re\ f^{1/2})_s$ ist gleich
$\frac{d}{d_*}$, woraus sich dann $d_*$ und somit nach Gl. (6) die Relaxationszeit $t_o$ gewinnen läßt.

B. **Untersuchungen des Wärmeübergangs an viskoelastischen Flüssigkeiten**

Im vorliegenden Forschungsvorhaben wurde der Wärmeübergang an viskoelastischen Flüssigkeiten untersucht. Da
der Wärmeübergang in der laminaren Strömung sowohl in
einem früheren Vorhaben als auch mehrfach in der Literatur abgehandelt wurde, beschränken sich die vorliegenden
Untersuchungen auf den Wärmeübergang in der turbulenten
Rohrströmung.

Im Rahmen dieses Forschungsvorhabens wurde im ersten
Schritt theoretisch und experimentell der Wärmeübergang
in der turbulenten Rohrströmung an solchen Flüssigkeiten
untersucht, die
1. elastische Effekte,
2. eine starke Schubspannungsabhängigkeit der
   Viskosität (eine gekrümmte Fließkurve)
aufweisen.
Als Versuchssubstanz dienten wäßrige Lösungen verschiedener Hochpolymere (Carboxylmethylzellulose, Polyacrylamid,
Methylzellulose). Zur vollständigen Charakterisierung der-
artiger Fluide ist es notwendig, neben der Fließkurve auch
die elastischen Funktionen zu ermitteln. Es zeigte sich

aber im Verlauf der Untersuchungen, (siehe (6)), daß für das vorliegende Problem die elastischen Eigenschaften implizit durch die Widerstandscharakteristik erfaßt werden konnten, so daß sich die Rheometrie auf die Messung der Fließkurve beschränkte. Diese sollte möglichst im gesamten auftretenden Beanspruchungsbereich bekannt sein, was im vorliegenden Fall nur durch das Aneinanderreihen von Messungen verschiedener Rheometertypen möglich war. (Die Fließkurven der verwendeten Versuchssubstanzen ließen sich mathematisch am besten durch ein Polynom 7. Grades beschreiben, wie die Auswertung mittels EDV ergab.)

Analysiert man die in der Literatur vorliegenden Arbeiten zum Thema Wärmeübergang in der turbulenten Rohrströmung Newtonscher Fluide, so lassen sich zwei Wege zur Lösung dieses Problems erkennen:

1. Man bildet aus den Einflußgrößen sinnvoll ausgewählte dimensionale Kennzahlen und versucht diese mit Hilfe von Experimenten in einem größeren Bereich zu korrelieren.

2. Man verknüpft - unter Benutzung von Transportansätzen für die konvektiven und difusiven Flüsse - die Bilanzen für Energie und Impuls. Die so erhaltenen Beziehungen haben allerdings Bestandteile, die sich einer expliziten Berechnung entziehen. Auch hier werden also zusätzlich ·Überlegungen und bestätigende Experimente erforderlich.

Einen ganz wesentlichen Beitrag zur letzteren Richtung hat Reichardt (7) geliefert. Angeregt durch die Prandtl'schen Analogiebetrachtungen, entwickelte er für den Wärmeübergang bei turbulenter Rohrströmung Newtonscher Fluide eine Beziehung, die auf folgende Schreibweise zu bringen ist:

$$St = \left(\frac{A_q}{A_\tau}\right)_m \; \frac{(f/2)\;(1/\vartheta_m)}{1/\emptyset + (Pr - 1)\,b\,\sqrt{f/2} + \varepsilon/\emptyset} \qquad (1)$$

Hierin bedeuten:

$$St = \frac{q_W}{\overline{\Theta}\,\overline{u}\,\varrho\,c_p} \quad \text{mit} \quad \overline{\Theta} = T_W - T_m; \quad \overline{u} = \frac{4\,Q}{\pi D^2} \; ;$$

$$\emptyset = \bar{u}/u_0 ; \quad \vartheta_m = \bar{\theta}/\Theta \; ;$$

$$f = \frac{\Delta pD}{2 \cdot L \, \bar{u}^2 \rho} \; ; \quad (\frac{A_q}{A_\tau})_m = \int\limits_0^1 \frac{A_q}{A_\tau} \, d\vartheta \; .$$

Nach Reichardt ist die Prandtl-Zahl $Pr = \nu/a$ an einer repräsentativen, jedoch nicht genauer fixierten Stelle in Wandnähe zu bilden. Dies bedeutet praktisch keine Einschränkung, sofern die Materialwerte $\nu$ und a in der Wandschicht nur wenig variieren.

$\varepsilon$ und b sind Integralbeziehungen

$$\varepsilon = \int\limits_0^1 \frac{Pr^* \; (1 + A_\tau/\eta}{1 + Pr^* \, A_\tau/\eta} \; k \, d\varphi$$

$$b = \int\limits_0^{U_0^+} \frac{(Pr^* - 1) \, / \, (Pr - 1)}{1 + Pr^* \, A_\tau/\eta} \; d \, U^+ \tag{2}$$

Mit $Pr^* = Pr \, A_q/A_\tau$ als verallgemeinerter, vom Wandabstand abhängiger Prandtl-Zahl.

Im vorliegenden Forschungsvorhaben wurde nun theoretisch und experimentell untersucht, in wie weit sich die von Reichardt für Newtonsche Fluide entwickelten Beziehungen auf viskoelastische Flüssigkeiten wie sie oben charakterisiert wurden, anwenden lassen.

Während bei Newtonschen Flüssigkeiten die in Gleichung inplizit enthaltende molekulare Transportgröße $\eta$ ein reiner Materialparameter ist, muß $\eta$ bei nicht-newtonschen Flüssigkeiten als eine komplizierte Transportgröße analog $A_\tau$ aufgefaßt werden, deren Zuordnung zum Stoffverhalten und zur Kinematik der Strömung aufgrund heuristischer Ansätze und bestätigender Experimente gefunden werden muß.

Die Diskussion der Reichardt-Beziehung im Hinblick auf nicht-new-
tonsche Fluide kann davon ausgehen, daß die Werte für $(A_q/A_\tau)_m$
und $\vartheta_m$ - ebenso wie im Newtonschen Fall - mit hinreichender Ge-
nauigkeit dem Wert 1 entsprechen, während das Integral $\varepsilon$ als klein
gegen die übrigen Terme des Nenners anzusehen ist. Was zu diskutieren bleibt, ist das Geschwindigkeitsverhältnis $\emptyset = \bar{u}/u_o$, die
repräsentative Prandtl-Zahl sowie das Integral b. Hierbei ist zu
beachten, daß eine Argumentation nicht streng deduktiv vorgehen
kann, sondern in wesentlichen Teilen aus Ansätzen besteht, die
über Plausibilitätsüberlegungen gewonnen werden. Der Beweis für
die Richtigkeit der Annahmen kann dann nur experimentell geführt
werden.

Das im vorliegenden Forschungsvorhaben zu diesem Zweck durchge-
führte Versuchsprogramm läßt sich im wesentlichen in drei Ab-
schnitte unterteilen·

1.  Messung des Zusammenhanges zwischen Schubspannung und Scher-
    geschwindigkeit (die sogenannte Fließkurve) für alle be-
    nutzten Flüssigkeiten im insgesamt zu erwartenden Beanspru-
    chungsbereich.

2.  Messung der Widerstandscharakteristik, das ist der Zusammen-
    hang zwischen Widerstandsbeiwert f und Reynoldszahl Re.

3.  Messung des Wärmeübergangs als Funktion der Reynolds-Zahl,
    mit $Re = \varrho\, \bar{u}\, D/\eta$ .

Auf eine Beschreibung des Aufbaus und der Arbeitsweise der Ver-
suchseinrichtungen kann hier verzichtet werden, da das in (6)
ausführlich geschehen ist·
An gleicher Stelle wurden auch die zahlreichen experimentellen
Ergebnisse tabellarisch zusammengestellt. Sie sollen an Bei-
spielen diskutiert werden.

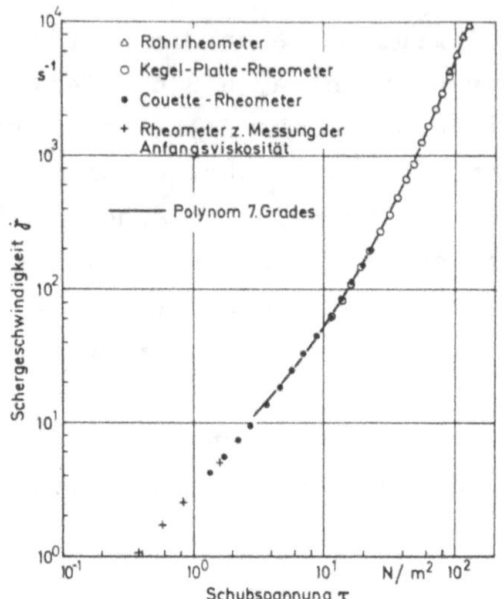



Abb. 4

Fließkurve einer CMC-Lösung 0,6 %, 19,7 °C

In Abb. 4 ist die Fließkurve einer 0,6 %igen wäßrigen Carbocyl-
methylzellulose-Lösung dargestellt. Sie setzt sich zusammen
aus einer Reihe von verschiedenen Rheometermessungen. Die
starke Krümmung der Fließkurve weist auf die Schubspannungsabhängigkeit der Viskosität hin, die aus Abb. 5 noch besser her-
vorgeht. Hier ist die variable Viskosität $\eta$ als Funktion der
Schergeschwindigkeit $\dot{\gamma}$ dargestellt.

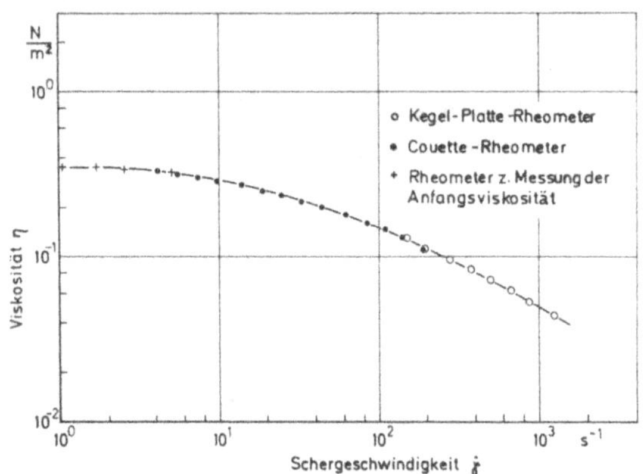



Viskosität als Funktion der Schergeschwindigkeit für CMC-Lösung 0,6 %

Abb. 5

$\eta$ ist als das Verhältnis Schubspannung zu zugehöriger Schergeschwindigkeit definiert. Für sehr kleine Schergeschwindigkeiten
nähert sich die Viskosität einem konstantem Wert, der sogenann-
ten Null-Viskosität. Die Auswertung der Rheometermessungen mittels EDV ergab, daß sich die Fließkurven der Polymerlösungen
sehr gut durch ein Polynom 7. Grades der Form $\dot{\gamma} = c\left(\dfrac{\tau}{a}\right) + \left(\dfrac{\tau}{a}\right)^3 + d\left(\dfrac{\tau}{a}\right)^5 + e\left(\dfrac{\tau}{a}\right)^7$ mathematisch beschreiben läßt. Die
starke Abhängigkeit der Viskosität von der Scherbeanspruchung
führt zu Definitionsschwierigkeiten bei der Bildung der Reynoldszahl, in der sie ja im Nenner auftritt. Die Reynoldszahl
ist wiederum notwendig zur Darstellung der Widerstandscharakteristik. Nach früheren Untersuchungen (8) stimmen die Widerstandscharakteristiken Newtonscher und der hier untersuchten
Fluide im <u>laminaren</u> Bereich überein, wenn man Re folgendermaßen
definiert: Man ermittelt ein repräsentatives $\bar{\dot{\gamma}} = 2\pi\, v/d$ und
ordnet diesem über die Fließkurve einen zugehörigen Wert $\tau$ zur
Berechnung der Reynoldszahl zu. Überträgt man diese Rechnung
auch auf den turbulenten Bereich, so liefern die Meßergebnisse
Widerstandskurven, wie sie in Abbildung 1 dargestellt sind.

Aus den Ergebnissen der Wärmeübergangsmessungen läßt sich mittels

$$St = \frac{q_W}{\Theta\,\bar{u}\,\varrho\,c_p} \quad \text{für den jeweiligen Strömungszustand berechnen.}$$

Die Darstellung dieser Meßergebnisse in der Form $St = f(Re)$
(Wärmeübergangscharakteristik) zeigt die Abb. 6 an drei Bei-
spielen.

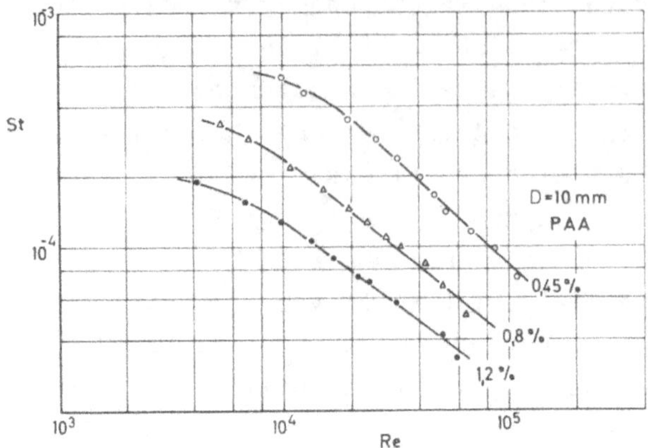


Abb. 6

Um die von Reichardt entwickelte Theorie des turbulenten Wärmeübergangs, wonach ein unmittelbarer Zusammenhang zwischen Wi-
derstands- und Wärmeübergangscharakteristik besteht, auf viskoelastischen Flüssigkeiten zu erweitern, besteht wie bereits
erwähnt, die Schwierigkeit, die in der Stanton-Zahl vorkommen-
den Prandtl-Zahl sinnvoll zu definieren. Letztere soll einen
effektiven Wert der Grenzschicht darstellen. Es kommt also auf
den Ort innerhalb der Grenzschicht an, der für die Bestimmung
der Viskosität und der übrigen Stoffparameter (auch hinsichtlich der Temperatur) maßgebend ist. Theoretische Überlegungen
dazu, die in (4) veröffentlicht wurden, sowie die Auswertung
der Meßergebnisse haben gezeigt, daß die Definition

$$Pr = \frac{c_p}{\lambda} \ \frac{\tau_1}{\dot{\gamma}_1} \tag{3}$$

zum Ziele führen, wenn man $\tau_1 = \frac{\tau_w}{1,08}$ einsetzt. Die zugehöri-
ge Schergeschwindigkeit $\dot{\gamma}_1$ erhält man aus der Fließkurve.

Es bleibt nun noch das Integral b zu diskutieren. Für Newtonsche Flüssigkeiten hat Reichardt b numerisch gelöst. Eine
Analyse dieser Zahlenwerte zeigt, daß seine Ergebnisse für Pr
größer 5 auf die Form

$$b = 11,8 \cdot Pr^{-1/3} \qquad (4)$$

zu bringen sind (9). Die vorliegenden Wärmeübergangsmessungen
haben gezeigt, daß eine Definition

$$b = U_2^+ \cdot Pr^{-1/3} \qquad (5)$$

zum Ziele führt (3).

$U_2^+ = u_2 \left/ \sqrt{\dfrac{\tau_w}{\rho}} \right.$ ist hierbei die dimensionslose Geschwindigkeit
an der Grenze zum vollturbulenten Kern. Sie wird von den ela-
stischen Eigenschaften des Fluids wesentlich beeinflußt und
kann nach den Ausführungen des Abschnitts "Hydrodynamik" aus
der experimentell gewonnenen Widerstandscharakteristik ent-
nommen werden. Damit geht Gleichung (1) in die folgende
Schreibweise für die Stanton-Zahl über:

$$St = \frac{f/2}{1,2+U_2^+\ Pr^{-1/3}\ (Pr-1)\ \sqrt{f/2}} \qquad (6)$$

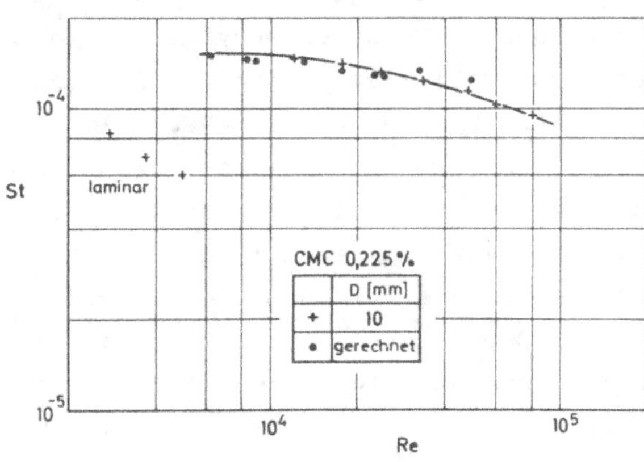


Abb. 7

Diese Beziehung für die Wärmeübergangscharakteristik wurde
durch die Experimente sehr gut bestätigt. Abb. 7 zeigt
einen Vergleich der experimentell gewonnenen mit der nach
Gleichung (6) berechneten Wärmeübergangscharakteristik.

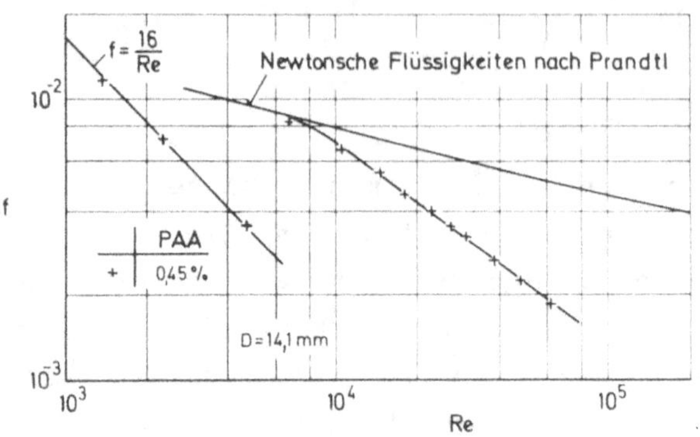


Abb. 8

Im zweiten Schritt dieses Forschungsvorhabens wurden die
Experimente auf hochverdünnte Lösungen ausgedehnt. Abb.
8 zeigt die Widerstandscharakteristik einer O,45 %igen
wäßrigen Polyacrylamid-Lösung. Man erkennt, daß die Wider-
standsbeiwerte beim Übergang von der laminaren zur turbulenten Strömung im turbulenten Bereich zunächst der für
Newtonsche Flüssigkeiten nach Prandtl gültigen Kurve fol-
gen. Das ist eine Bestätigung dafür, daß die Reynoldszahl
sinnvoll definiert war. Darüberhinaus gestattet es eine
Kontrolle der Stanton-Beziehung Gleichung (6), da diese
in diesem Bereich mit der Stanton-Beziehung nach Reichardt
identisch sein muß.

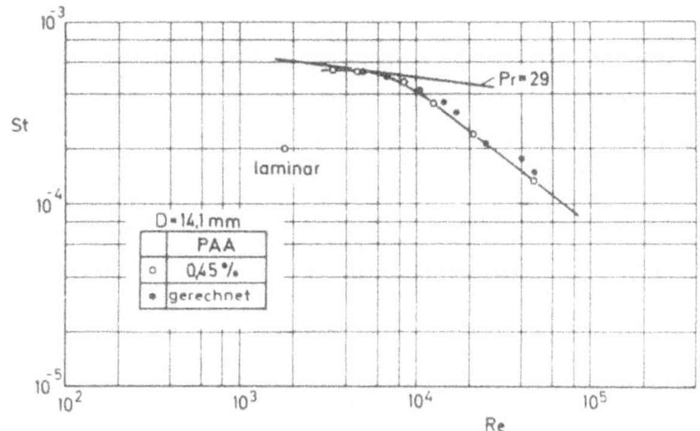


Abb. 9

Aus Abbildung 9 geht in der Tat hervor, daß bei einer Reynolds-Zahl von etwa $6 \cdot 10^3$ experimentell gewonnene, nach Gleichung (6) berechnete und nach der Beziehung für Newtonsche Flüssig-keiten berechnete Stanton-Zahlen identisch sind. Dies ist letzten Endes eine Bestätigung dafür, daß die Prandtl-Zahl sinnvoll definiert war.

Damit ist zunächst experimentell bewiesen, daß der Wärmeüber-gang in der turbulenten Rohrströmung Newtonscher wie viskoela-stischer Flüssigkeiten bei Kenntnis der Fließkurve und der Widerstandscharakteristik, die für den betreffenden Rohrdurch-messer gewonnen wurde, nach Gl. (6) vorauszuberechnen ist. Der dritte Schritt der Untersuchungen innerhalb dieses For-schungsvorhabens zielte darauf, aus Messungen der Widerstands-charakteristik eines bestimmten Rohrdurchmessers den turbulen-ten Wärmeübergang für einen beliebigen Rohrdurchmesser voraus-zuberechnen.

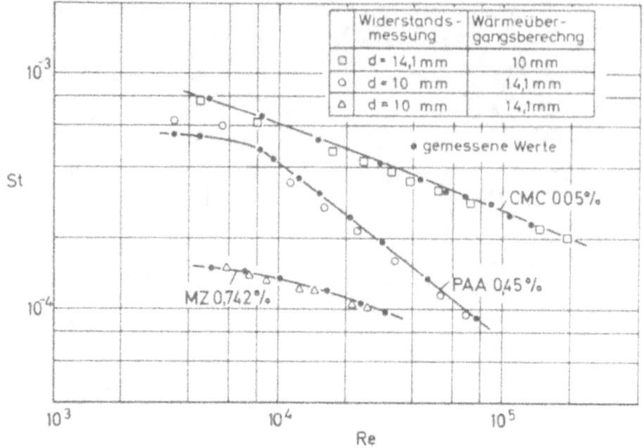



<u>Abb. 10</u>

In Abb. 10 sind die an zwei Rohren unterschiedlichen Durchmessers gewonnenen Widerstandscharakteristiken dazu herangezogen worden, den Wärmeübergang für das Rohr mit dem jeweils anderen Durchmesser zu berechnen. In die so berechneten Verläufe wurden dann die Ergebnisse der Messung des Wärmeübergangs für das gleiche Rohr eingetragen. Unter Berücksichtigung der Meßgenauigkeit bei Widerstands- und Wärmeübergangsmessung darf die Übereinstimmung als sehr gut bezeichnet werden.

Die Abb. 10 steht in diesem Zusammenhang als Beispiel für eine Reihe gleichlautender Ergebnisse, die an anderer Stelle ("Heat and Mass Transfer") - das Einverständnis des Forschungsträgers vorausgesetzt - veröffentlicht werden sollen.

Zusammenfassend läßt sich sagen, daß mit der in Gleichung (6) abgeleiteten Stanton-Zahl aus Widerstandsmessungen an einem bestimmten Rohrdurchmesser der turbulente Wärmeübergang für viskoelastische Flüssigkeiten in beliebigen Rohrdurchmessern vorausberechenbar ist.

## Literatur


1.  L. Prandtl

ZAMM 5, 136 (1925)

2.  T.v. Kármán

Trans.Am.Soc.Mech.Engrs.
61, 705 (1935)

3.  Y. Tomita

Bull.of th JSME
61, 926 (1970)

4.  C.Elata, J. Lehrer,
A. Kahanovitz

Israel J. of Techn. 1,
87 (1966)

5.  W.A. Meyer

AIChE Journal
12, 522 (1966)

6.  H. Chmiel

Dissertation, TH Aachen 1971
- Anlage -

7.  H. Reichardt

Arch.Ges.Wärmetechn.
6/7, (1951), 129

8.  H. Chmiel, P. Schümmer

Chem.-Ing.Techn. 23, (1971),
1257 - 1259  - Anlage -

9.  H. Chmiel, R.Rautenbach,
P. Schümmer

Chem.-Ing. Techn. 8,
(1972), 543 - 545
- Anlage -

## Zeichenzusammenstellung - A -

| | |
|---|---|
| $\Delta b$ | Geschwindigkeitszuwachs, Gl. (3 c) |
| $d$ | Rohrdurchmesser |
| $d_*$ | Stoffparameter, Gl. (4) |
| $f$ | $\dfrac{\tau_w}{\frac{1}{2}\,\rho\,\bar{v}}$ |
| $Re$ | $\dfrac{\rho\,d\,\bar{v}}{\eta}$ |
| $t_o$ | Relaxationszeit |
| $v$ | Axiale Geschwindigkeit |
| $\bar{v}$ | mittlere Geschwindigkeit über den Querschnitt |
| $v_*$ | $\left(\dfrac{\tau_w}{\rho}\right)^{1/2}$ |
| $v^+$ | $\dfrac{v}{v_*}$ |
| $X_p$ | Molenbruch des Polymers |
| $y$ | Wandabstandkoordinate |
| $y_*$ | $\dfrac{\eta}{v_*\,\rho}$ |
| $y^+$ | $\dfrac{y}{y_*}$ |
| $y_1$ | Ortskoordinate der ausgebildeten Turbulenz |
| $\dot{\gamma}$ | Schergeschwindigkeit |
| $\delta$ | Stoffparameter, Gl. (4) |
| $\eta$ | Viskosität |
| $\eta_o$ | Nullviskosität |
| $\bar{\eta}$ | repräsentative Viskosität |

| | | |
|---|---|---|
| $\rho$ | | Dichte |
| $\tau_w$ | | Wandschubspannung |

Zeichenzusammenstellung - B -

| Symbol | Einheit | Bedeutung |
|---|---|---|
| St | | $\dfrac{q_w}{\Theta\,\bar{u}\,\rho\,c_p}$ |
| a | | $\dfrac{\lambda}{\rho\,c_p}$ |
| $A_\tau$ | $Nsm^{-2}$ | Turbulente Austauschgröße des Impulses |
| $A_q$ | $Nsm^{-2}$ | Turbulente Austauschgröße der Wärem |
| b | | Reichhardtsches Integral |
| $c_p$ | Ws/kg grd | Spezifische Wärme |
| D | mm | Innendurchmesser des Rohres |
| f | | Widerstandsbeiwert |
| $k = \dfrac{q\,\tau_w}{q_w\,\tau} - 1$ | | |
| L | mm | Rohrlänge, auf der der Druckverlust p entsteht |
| $\Delta p$ | $N/m^2$ | Druckverlust auf der betrachteten Rohrlänge L |
| T | grd | Zeitlicher Mittelwert der Temperatur |
| u | m/s | Zeitliches Mittel der axialen Geschwindigkeit |
| $U^+ = u/u^*$ | | Dimensionslose, axiale Geschwindigkeit |
| $u^* = \sqrt{\tau_w/\rho}$ | m/s | Schubspannungsgeschwindigkeit |
| $\bar{u} = Q/(\pi R^2)$ | m/s | Über den Durchfluß bestimmte mittlere Axialgeschwindigkeit |
| y | m | Wandabstand |
| q | | Wärmefluß |

| | | |
|---|---|---|
| $Y^+ = yu_* / \nu$ | | Dimensionsloser Wandabstand |
| $\dot{\gamma}$ | | Schergeschwindigkeit |
| $\epsilon$ | | Integral nach Gl. (2) |
| $\eta$ | $Ns/m^2$ | Viskosität |
| $\Theta = T_W - T_O$ | grd | Maximale Temperaturdifferenz |
| $\bar{\Theta} = T_W - T_m$ | grd | Differenz zwischen Wandtemperatur und mittlerer Flüssigkeitstemperatur |
| $\vartheta = (T_W - T)/(T_W - T_O)$ | | Dimensionslose Temperaturdifferenz |
| $\lambda$ | W/m grd | Wärmeleitfähigkeit |
| $\rho$ | $kg/m^3$ | Dichte |
| $\tau$ | $N/m^2$ | Schubspannung |
| $\phi = \bar{u}/u_O$ | | Verhältnis der mittleren zur maximalen Geschwindigkeit |

Indizes

1   Grenze zwischen Übergangszone und reinviskoser Schicht

2   Grenze zwischen vollturbulentem Kern und Übergangszone

kr  Kritische Größe

m   Mittelwert

o   Bedingungen in der Rohrachse

w   Übertragung an der Wand

# Forschungsberichte
## des Landes Nordrhein-Westfalen
Herausgegeben im Auftrage des Ministerpräsidenten Heinz Kühn
vom Minister für Wissenschaft und Forschung Johannes Rau

## Sachgruppenverzeichnis

# Gaswirtschaft
Gas economy
Gaz
Gas
Газовое хозяйство

# Holzbearbeitung
Wood working
Travail du bois
Trabajo de la madera
Деревообработка

# Hüttenwesen · Werkstoffkunde
Metallurgy · Materials research
Métallurgie · Matériaux
Metalurgia · Materiales
Металлургия и материаловедение

# Kunststoffe
Plastics
Plastiques
Plásticos
Пластмассы

# Luftfahrt · Flugwissenschaft
Aeronautics · Aviation
Aéronautique · Aviation
Aeronáutica · Aviación
Авиация

# Luftreinhaltung
Air-cleaning
Purification de l'air
Purificación del aire
Очищение воздуха

# Maschinenbau
Machinery
Construction mécanique
Construcción de máquinas
Машиностроительство

# Mathematik
Mathematics
Mathématiques
Matemáticas
Математика

# Medizin · Pharmakologie
Medicine · Pharmacology
Médecine · Pharmacologie
Medicina · Farmacología
Медицина и фармакология

# NE-Metalle
Non-ferrous metal
Metal non ferreux
Metal no ferroso
Цветные металлы

# Physik
Physics
Physique
Física
Физика

# Rationalisierung
Rationalizing
Rationalisation
Racionalización
Рационализация

# Schall · Ultraschall
Sound · Ultrasonics
Son · Ultra-son
Sonido · Ultrasónico
Звук и ультразвук

# Schiffahrt
Navigation
Navigation
Navegación
Судоходство

# Textilforschung
Textile research
Textiles
Textil
Вопросы текстильной промышленности

# Turbinen
Turbines
Turbines
Turbinas
Турбины

# Verkehr
Traffic
Trafic
Tráfico
Транспорт

# Wirtschaftswissenschaften
Political economy
Economie politique
Ciencias económicas
Экономические науки

Einzelverzeichnis der Sachgruppen bitte anfordern

Westdeutscher Verlag GmbH
– Auslieferung Opladen –
567 Opladen, Postfach 1620